BEI GRIN MACHT SICH IHR WISSEN BEZAHLT

- Wir veröffentlichen Ihre Hausarbeit,
  Bachelor- und Masterarbeit

- Ihr eigenes eBook und Buch -
  weltweit in allen wichtigen Shops

- Verdienen Sie an jedem Verkauf

Jetzt bei www.GRIN.com hochladen
und kostenlos publizieren

Gunnar Söhlke

Unterrichtsstunde: Zentrale Begriffe der Genetik in der Jahrgangsstufe 11

Schülerorientierte Erstellung eines Begriffsnetzes zu zentralen Begriffen der Genetik

GRIN Verlag

Bibliografische Information der Deutschen Nationalbibliothek:

Die Deutsche Bibliothek verzeichnet diese Publikation in der Deutschen National-
bibliografie; detaillierte bibliografische Daten sind im Internet über http://dnb.d-
nb.de/ abrufbar.

Impressum:

Copyright © 2007 GRIN Verlag GmbH
Druck und Bindung: Books on Demand GmbH, Norderstedt Germany
ISBN: 978-3-640-17495-9

Dieses Buch bei GRIN:

http://www.grin.com/de/e-book/115230/unterrichtsstunde-zentrale-begriffe-der-
genetik-in-der-jahrgangsstufe

GRIN - Your knowledge has value

Der GRIN Verlag publiziert seit 1998 wissenschaftliche Arbeiten von Studenten, Hochschullehrern und anderen Akademikern als eBook und gedrucktes Buch. Die Verlagswebsite www.grin.com ist die ideale Plattform zur Veröffentlichung von Hausarbeiten, Abschlussarbeiten, wissenschaftlichen Aufsätzen, Dissertationen und Fachbüchern.

Besuchen Sie uns im Internet:

http://www.grin.com/

http://www.facebook.com/grincom

http://www.twitter.com/grin_com

St. Ref.   Oldenburg den 10.07.07
Studienseminar Oldenburg
Kurs II/06

Entwurf zur 1. Lehrprobe im Fach Biologie

Schule:
Gymnasium

Termin der Lehrprobe:
11.07.07

Uhrzeit, Kurs und Raum:
9:55 Uhr (3. Stunde), Kurs 11 (1bi31), Raum 116

Thema der Unterrichtseinheit:	Molekulargenetik
Thema der Unterrichtsstunde:	Definieren und Anordnen der im 2. Halbjahr behandelten Themen zu einem Begriffsnetz

1. Beschreibung der Lerngruppe

Seit Beginn des Halbjahres Anfang Februar '07 unterrichte ich die Lerngruppe in eigener Verantwortung. Das Fach Biologie wird in der 11. Jahrgangsstufe nicht im Klassenverband unterrichtet, sondern im Kurssystem. In diesem Kurs finden sich 13 Schüler und 11 Schülerinnen
5 aus sechs verschiedenen 11. Klassen zusammen.

Das Leistungsspektrum des Kurses ist sehr heterogen. Vor allem Mädchen stellen dabei die leistungsstärkeren und Jungen die leitungsschwächeren Schüler[1] dar, wobei Abstufungen und Ausnahmen zu berücksichtigen sind. Diese Heterogenität spiegelt sich deutlich in der Beteiligung am Unterrichtsgeschehen wider. So beteiligen sich phasenweise nur einzelne Schüler, oder es ist
10 insgesamt sehr schwer, den gesamten Kurs aus einer gewissen „Lethargie" wach zu rütteln. In anderen Unterrichtsabschnitten sind allerdings nahezu alle Schüler lebhaft aktiv. Eine direkte Korrelation mit den Unterrichtsinhalten war dabei festzustellen. Die meisten stilleren Schüler bringen eine geringe Grundmotivation für die Thematik in den Unterricht mit, woraus bei eher theoretischen und fachlich „trockenen" Themen eine geringe Beteiligung resultiert. Aus diesem
15 Grund wurden im Unterricht relativ viele Gruppenarbeiten und Gruppenpuzzle durchgeführt, um eine Beteiligung möglichst vieler Schüler zu erreichen. Wenn möglich, wurden auch experimentelle Arbeiten durchgeführt. Dies war allerdings durch die Thematik bedingt nur in drei Doppelstunden überhaupt möglich. Auch wurde versucht die Bedeutung der theoretischen Unterrichtsinhalte an praktischen Beispielen, wie Krankheiten, Vererbung oder moderner
20 Gentechnik zu verdeutlichen, um einen größeren Schülerbezug herzustellen.

Das Verhältnis der Schüler untereinander ist teilweise von Distanz geprägt, was wahrscheinlich aus der Zusammensetzung im Kurssystem resultiert. Der Umgang miteinander, z.B. in Gruppenarbeiten, funktioniert trotzdem gut, teilweise sogar besser als in Gruppen mit Schülern, die enger miteinander befreundet sind. Die Beziehung zwischen Lehrkraft und Schülern ist freundlich
25 und offen, was allerdings teilweise auch Defizite in der Disziplin mit sich gebracht hat. Von Zeit zu Zeit ist dann ein „strengeres" Einschreiten notwendig gewesen. Da es sich bei der Lehrprobenstunde um die letzte Biologiestunde des Schuljahres handelt, ist es möglich, dass einige Schüler fehlen werden.

In der Methode zur Erstellung von Mind-Maps oder Concept-Maps sind die Schüler aus dem
30 Biologieunterricht an zwei Beispielen geübt, wobei dabei eher eine Begriffssammlung im Vordergrund stand. Das Erstellen einer Übersicht mit direkt aufeinander aufbauenden Abhängigkeiten im Sinne eines Fließschemas oder einer stark strukturierten Concept-Map ist ihnen nicht (kaum) vertraut.

In dem Kurs wird als Schulbuch „Biologie heute SII" verwendet und zwar sind zwei verschiedene
35 Ausgaben zugelassen [1, 2]. Dies führte bisweilen zu Problemen, da die Inhalte teilweise verschieden ausführlich wiedergegeben werden.

---

[1] Der Begriff „Schüler" bezieht im Folgenden die Schülerinnen mit ein.

2. Einordnung der Stunde in den Unterrichtszusammenhang

Die Unterrichtseinheit „Genetik" ist in den Rahmenrichtlinien für die „Vorstufe" verbindlich vorgeschrieben ([3] S. 16). Dementsprechend gibt auch der schulinterne Stoffverteilungsplan für das 2. Halbjahr den Themenkomplex Genetik, mit den Unterpunkten „Molekulargenetik,

5 angewandte Biologie und (bei verfügbarer Zeit) Vertiefung der klassischen Genetik", vor.

Die Lehrprobenstunde stellt den Abschluss des Themenbereiches „Genetik" in der Jahrgangsstufe 11 dar. Es ist die letzte Biologiestunde dieses Kurses und für einige Schüler somit auch die letzte Biologiestunde im Rahmen ihrer schulischen Ausbildung. Ziel der Stunde ist es daher, eine Übersicht der behandelten Themen zu erarbeiten, in der auch die Zusammenhänge und

10 Verknüpfungen der Inhalte untereinander verdeutlicht werden. Im 2. Halbjahr wurden (in chronologischer Reihenfolge) grob folgende Themen behandelt:

Evaluation und Aufarbeitung von Vorwissen zur klassischen Genetik und Grundbegriffen der Genetik, Meiose, DNA als Erbsubstanz, Chromosomen, Chromosomenmutationen, Karyogramm, Gen, Proteinbiosynthese, genetischer Code, Genmutationen, Proteinbiosynthese bei Eukaryoten,

15 Enzyme, Enzymhemmung, PKU, Mutagene, Genregulation, Polymerase Kettenreaktion (PCR).

Wenn möglich wurden die Inhalte mit experimentellem Arbeiten verknüpft. So geschehen bei der Isolierung von DNS aus Zwiebelzellen und der Abhängigkeit der Enzymaktivität von Temperatur, pH-Wert, Substratkonzentration und hemmenden Faktoren. Im sonstigen Unterrichtsgang wurden methodisch vor allem Gruppenpuzzle und problem- oder phänomenorientierte Gruppen- und

20 Partnerarbeiten durchgeführt. Die Ergebnispräsentation erfolgte durch Schülervorträge und durch an Fragen oder Problemen orientierten offenen Unterrichtsgesprächen. Phasenweise wurde Raum für weiterführende Fragen der Schüler gelassen, die dann allerdings aus Gründen des „Zeitbudgets" jeweils nur kurz diskutiert werden konnten und oft abschließend durch den Lehrer beantwortet wurden.

25 Die eingesetzten Methoden bilden auch für die Lehrprobenstunde ein grundlegendes Fundament, auf dem der Unterrichtsverlauf gründet und aufbaut. Die angestrebte Synthese der behandelten Themen zu einer zusammenfassenden Übersicht, soll den Schülern ein umfassendes aber trotzdem kompaktes Bild der behandelten Inhalte liefern und so ein grundlegendes Verständnis sichern helfen.

30

3. Didaktische Überlegungen

Eine Legitimation auf Grundlage eines fachlich determinierten Themeninhaltes ist für diese Stunde nicht definierbar. Wohl aber eine Legitimation der Stunde als Übungs-, Wiederholungs- und Zusammenfassungsstunde, die in dieser Form schon vom Grundprinzip her die Bereiche Schüler-,

35 Gesellschafts- und Fachrelevanz abdeckt. Die Schülerrelevanz, da die zusammenfassende Übersicht für die Schüler eine Sinn erschließende Funktion hat, die abschließend einen Überblick über das (potenziell) Gelernte liefert. So können die für alles Leben (und damit auch für den

eigenen Körper) grundlegenden Abläufe „vom Gen zum Protein" einer Anordnung bedingender und Einfluss nehmender Faktoren in einer stark auf das Wesentliche reduzierten Form entnommen werden. Dies leitet über zu der Gesellschaftsrelevanz, die sich durch eine in der heutigen Zeit omnipräsente Gentechnik in den Bereichen Ernährung, Gesundheit, Verbrechensbekämpfung und
5   Fortpflanzung ergibt, die in ihren Anwendungsmöglichkeiten vielfach kontrovers diskutiert wird. Hieraus leitet sich auch ein hoher Alltagsbezug ab. Die Fachrelevanz wurde mit den für alles Leben grundlegenden Abläufen vom Gen zum Protein schon angesprochen. Bei der Behandlung von vielen biologischen Sachverhalten kommt man an Grundkenntnissen zur Genetik nicht vorbei. Genannt seien hier exemplarisch die Themenbereiche Evolution, Humanbiologie sowie Umwelt
10   und Ernährung, die in der ein oder anderen Form in der Oberstufe weiter behandelt werden. Vertiefende Einblicke in die Thematik der Genetik sind ebenfalls Inhalt der Kursstufe (vgl. [3] S. 18 - 33). Auch in anderen Fächern spielen Grundlagenkenntnisse der Genetik eine Rolle, wenn z.b. ethische Fragestellungen zur PID oder ähnlichen Themengebieten erörtert werden.

TIMMSS und PISA haben es gezeigt: Schüler verfügen über wenig Zusammenhangs- und
15   Verbindungswissen. Oft bilden die Lerninhalte isoliertes Inselwissen, ohne miteinander zu größeren Konzepten verbunden zu werden. Vielfach diskutiert und in den neuen Kerncurricula verankert, findet sich daher auch das Schlagwort „Wissensvernetzung" oder „vernetztes Denken", welches durch Herstellen von Bezügen und Zusammenhängen erreicht werden soll (vgl. z.B. [4, 5, 6]). Genau dieses soll in der Lehrprobenstunde in kleinem Rahmen geschehen. Die im 2.
20   Schulhalbjahr behandelten Themen hängen alle in irgendeiner Form voneinander ab, stellen fachliche Grundlagen oder konkretere Beispiele dar oder bedingen sich durch rückwirkende Einflussnahmen. Im Unterrichtsverlauf verdrängt der fachliche Inhalt aufgrund seiner Komplexität und der Fixierung auf Details in vielen Fällen den Blick auf den übergeordneten Zusammenhang. In der Nachbetrachtung bietet sich daher das unterrichtsbegleitende Erstellen einer Übersicht an,
25   was jedoch nicht praktiziert wurde. Daher stellt die letzte Unterrichtsstunde hierfür eine gute Möglichkeit dar. Alle relevanten Themen wurden behandelt und können nun noch einmal rekapituliert und sodann in eine Übersicht gebracht werden.

Bei ESCHENHAGEN, KATTMANN, RODI ist dieses Vorgehen als Unterrichtsziel unter dem Punkt „Synthese" aufgeführt. Es heißt dort: „…, damit das Lernmaterial zu einer Klarheit gebracht wird,
30   die zuvor nicht bestanden hat." ([7] S. 179). BÖNSCH stellt die Bedeutung des Herstellens von Bezügen und Verknüpfungen, sowie das Erstellen einer klare Gliederung und Kategorisierung als „äußerst förderlich" für den Lernprozess heraus [8]. Bei MEYER findet sich als „Kriterium für guten Unterricht" entsprechendes unter dem Punkt „Lernstrategien - Reduktions- und Organisationsstrategie" [9].

35   Für die zu planende Unterrichtsstunde wäre theoretisch auch die Erarbeitung, Anwendung oder Vertiefung anderer gentechnischer Methoden oder beispielsweise ein Exkurs zu ethischen Fragestellungen zur Genetik denkbar gewesen. Mit den genannten Gesichtspunkten wird jedoch

deutlich, dass in dieser Stunde die Erstellung einer zusammenfassenden Übersicht gegenüber anderen möglichen Inhalten klar zu bevorzugen ist.

Um der besonderen Unterrichtssituation der letzten Biologiestunde „vor den Ferien" gerecht zu werden, wurde als methodischer Bestandteil der Stunde das „Genetik-Activity" Spiel

5 herangezogen. Das „Spiel" im Unterricht erfüllt verschiedene Aufgaben. Nach MEYER ist Spielen im Unterricht „…nicht zweckfrei, sondern ein zielgerichteter Versuch zur Entwicklung der sozialen, kreativen, intellektuellen und ästhetischen Kompetenzen der Schüler." ([10] S. 344). Neben dieser allgemeinen Feststellung erfüllt das Spiel in der konkreten Stunde vor allem die Aufgabe Motivation bei den Schülern zu wecken, sich mit der gestellten Aufgabe auseinander zu

10 setzen. BÖNSCH spricht in diesem Zusammenhang von „Motivation durch Wetteifern" [8]. Die Motivation wird auf die dem Spiel vorgeschaltete Erarbeitung der Definitionen übertragen, da diese die Grundlage für das folgende Spiel darstellen. Es wird zur Kürze der Definition angeregt, da die Erklärung zeitlich begrenzt ist, es wird zur fachlichen Richtigkeit verpflichtet, da falsche Erklärungen Punktabzug zur Folge haben und die Verständlichkeit der Definition ist wichtig, damit

15 der Begriff erraten wird, wofür die erklärende Gruppe ebenfalls Punkte bekommt.

Als Bruch im Unterrichtsgang kritisch zu sehen ist der Übergang von der „Spielphase" in die „Synthesephase", in der die Gruppen die Begriffe in eine sinnvolle Übersicht bringen sollen. Für die Stunde ist diese Phase sehr wichtig, den Schülern erschließt sich die Bedeutung allerdings nicht zwangsläufig, vor allem wenn Enttäuschung vorherrscht, dass das Spiel bereits vorbei ist. Wenn am

20 Ende die fertige Übersicht vorliegt, kann es zu einem kleinen „Aha" Erlebnis kommen, was die Erarbeitung rückwirkend auch für die Schüler legitimiert. An der Gelenkstelle zwischen Spiel und „Synthesephase" muss eine kurze sinnstiftende Begründung durch die Lehrkraft für Verständnis für die bevorstehende Aufgabe sorgen.

Eine gewisse Vorentlastung für das Erstellen der Übersicht stellen die beiden ersten

25 Unterrichtsphasen dar, in denen sich die Schüler zunächst intensiver mit einigen Begriffen auseinandergesetzt und dann in der Spielphase ihr bisheriges Wissen aktiviert haben. Der Transfer von den Erklärungen hin zu passenden Stichworten, ist für das Erstellen der Übersicht eine grundlegende kognitive Aktivität. Das zu erstellende Begriffsnetz verlangt von den Schülern ihre Vorstellungen zu überprüfen und zu organisieren (ggf. auch zu reorganisieren), was eine

30 grundlegende Lernkompetenz ist (vgl. z.B. [11] S. 284).

Der Schwierigkeitsgrad der Stunde für die Lerngruppe liegt für die ersten beiden Unterrichtsphasen im leichten bis mittleren Bereich, für die Synthesephase im mittleren bis schweren Bereich. In der Synthesephase sind deshalb entlastende Hilfestellungen vorgesehen (vgl. Kapitel 5).

35

4. Lernziele

Hauptlernziel:

Die Schüler sollen vorgegebene Begriffe zur Genetik definieren und spielerisch erarbeiteten, wodurch sie einen zusammenfassenden Überblick bekommen und Beziehungen erkennen sollen, die sie in einem Begriffsnetz sinnvoll darstellen müssen.

Teillernziele:

Die Schüler sollen:

- im fachlich korrekten Definieren von Sachbegriffen geschult werden.
- Zusammenhänge zwischen den behandelten Themenbereichen erkennen.
- die bestehenden Zusammenhänge in einem Begriffsnetz darstellen und so die Vernetzung der einzelnen Themen miteinander verstehen.
- durch das spielerische Vorgehen motiviert werden, sich mit den gestellten Aufgaben auseinanderzusetzen.
- ihre sozialen, kommunikativen und kreativen Fähigkeiten in der Gruppenarbeit und der Spielphase verbessern.
- zur Organisation und Reorganisation ihres Wissens angeleitet und darin geschult werden.

5. Methodische Überlegungen

Die Stunde beginnt damit, dass zunächst mündlich ein kurzer Überblick über den geplanten Stundenverlauf gegeben wird (orientieren, motivieren und informieren der Schüler). Anschließend wird die Arbeitsanweisung für die ersten beiden Phasen (Erarbeitung und Spiel) auf dem OHP präsentiert. Dieser „frontale" Einstieg in die Stunde wird aus mehreren Gründen gewählt. Zum einen ist er zeiteffizient und die Schüler wissen von Beginn an, wie die Stunde verlaufen soll, zum anderen wird durch die Ankündigung des Spiels gleich die Motivation der Schüler geweckt. Ein problemorientierter oder Themen erarbeitender Einstieg kommt in diesem Zusammenhang nicht in Frage, da beide genannten Kriterien nicht direkt erfüllt werden und es an dieser Stelle keine anderen überwiegenden positiven Effekte gibt. Nach kurzer Rückversicherung, ob der geplante Unterrichtsgang soweit verstanden wurde, beginnt die Einteilung der 4 Gruppen. Diese erfolgt zufällig durch das Ziehen von Zetteln. Die Gruppenstärke beträgt maximal 6 Schüler. Jede Gruppe bekommt dann 5 Kärtchen ausgeteilt, auf denen die zu definierenden Begriffe stehen und Platz für die Definition ist. Nun beginnt die Arbeit in den Gruppen. Das Buch und die Mappe sind als Hilfsmittel ausdrücklich zugelassen, da es nicht um eine Reproduktion aus dem Gedächtnis gehen soll (und kann), sondern um eine Erarbeitung fachlich korrekter, kurzer und anschaulicher Definitionen der Begriffe. Während dieser Phase können Fragen und Unklarheiten in den Gruppen geklärt werden, was auch gleich Hinweise für die Lehrkraft liefert, wo es bei dem späteren Ratespiel zu Problemen kommen könnte. Hier lässt sich ergänzen, dass das Ziel der Stunde nicht sein kann, alle Begriffe im Detail für alle Schüler noch einmal zu erklären. Dies wäre in einer Unterrichtsstunde nicht zu bewerkstelligen. Die Arbeit in Gruppen erfüllt auch die Aufgabe, Unklarheiten Einzelner intern besprechen und klären zu können. Das Wissen der Einzelnen ergänzt sich zusammen mit den Hilfsmitteln und den Definitionen der anderen Gruppen zu einem in diesem

5 Rahmen umfangreichen Verständnis. Vertieft wird dieses Wissen in der anschließenden „Synthesephase".

Nach der Findung der Definitionen kommt aus jeder Gruppe ein Schüler nach vorne und erklärt nacheinander die 5 Begriffe. Für jeden Begriff stehen 30 Sekunden Zeit zur Verfügung. Wird der Begriff erraten, bekommen erklärende Gruppe und ratende Gruppe je einen Punkt. Wird der

10 Begriff fachlich falsch erklärt (Kontrolle durch die Lehrkraft), gibt es einen Punktabzug. Nicht erratene Begriffe werden beiseite gelegt und anschließend von der Lehrkraft noch einmal erklärt. Der jeweilige Punktestand wird an der Tafel auf einer Punktelinie mit Gruppensymbolen angezeigt. Nachdem alle 20 Begriffe erraten wurden (das tatsächliche Erraten wird durch die mögliche Erklärung seitens der Lehrkraft gewährleistet), steht die Siegergruppe fest. Sie erhält am Ende der

15 Stunde einen kleinen Preis (Überraschungseier – „Entdecken macht Spaß"). Es folgt die Überleitung zu der Synthesephase im kurzen Lehrervortrag. Die Aufgabe der Zusammenstellung als sinnstiftende Übersicht von Beziehungen und Zusammenhängen zwischen den Themen wird verdeutlicht und der Arbeitsauftrag aufgelegt. Während die Schüler lesen, werden Umschläge mit Folienschnipseln (auf denen die Begriffe stehen), Folien, Folienstifte und Tesafilmrollen verteilt.

20 Da das Erstellen einer in allen Punkten sinnvollen Übersicht aus 20 Begriffen in relativ kurzer Zeit für die Schüler eine sehr schwere Aufgabe darstellt, werden einige Elemente der Übersicht auf den verteilten Folien vorgegeben, die eine Orientierung erleichtern sollen (Anhang D). Durch individuelles Eingreifen der Lehrkraft während der Gruppenarbeit können weitere Hilfestellungen geliefert werden. Die Übersicht kann von den Gruppen nur sinnvoll erstellt werden, wenn sie sich

25 über die Beutung der einzelnen Begriffe im Klaren sind. Unklarheiten können gruppenintern diskutiert werden und zur Not kann auch das Buch, die Mappe oder eines der Definitionskärtchen als Hilfe herangezogen werden. Die Erarbeitung der Übersicht könnte alternativ im gelenkten Unterrichtsgespräch erfolgen, bei dem die Lehrkraft die Position der einzelnen Begriffe erfragt. Vorteil ist ein geringerer Zeitbedarf und die starke Einflussmöglichkeit hin zum „richtigen"

30 Ergebnis. Nachteilig ist jedoch, dass sich schwächere Schüler nicht beteiligen müssen (und so auch nicht darüber nachdenken) und die kognitive Eigenleistung der Schüler minimiert wird. Gerade das Denken in vernetzten Strukturen soll aber geübt werden, weshalb die Arbeit in Gruppen zu bevorzugen ist. Der Wechsel zu einer stärker gelenkten Erarbeitung kann als „Notlösung" bereitgehalten werden, wenn die Zeit sehr knapp ist oder die Gruppen größere Schwierigkeiten bei

35 der eigenen Erarbeitung haben.

Die Auswertung der Übersichten wird an dem Beispiel einer Gruppe erfolgen, welche ihr Ergebnis kurz vorstellt. Die Übersicht wird dann im Plenum diskutiert, wobei die Ergebnisse der anderen

Gruppen mit einfließen sollen und zu einer Ergänzung und Optimierung der Darstellung führen. Dass am Ende eine bereits vorgefertigte Übersicht (Anhang C) ausgeteilt wird, ist sicherlich nicht ideal. Besser wäre es, eine gemeinsam erarbeitete Übersicht für alle Schüler zu vervielfältigen. Da es sich um die letzte Unterrichtsstunde handelt, kann dieses Verfahren leider nicht eingesetzt werden. Dass das erarbeitete Ergebnis mit hoher Wahrscheinlichkeit nicht deckungsgleich mit der vorgefertigten Übersicht ist, ist ebenfalls problematisch. Die erarbeitete Übersicht sollte jedoch nach den gleichen Prinzipien aufgebaut sein und die gleichen Abhängigkeiten darstellen (die ja nicht variabel sind). Eine Würdigung der erstellten Übersicht und der Hinweis auf diese beiden Punkte rechtfertigt dann für die Schüler auch die vorgefertigte Übersicht. Sollten am Ende noch Beziehungen in der Schüler-Übersicht fehlen, oder nicht ganz korrekt sein, muss dies klargestellt werden und als Verbesserung auf die ausgeteilte Übersicht verwiesen werden. Eine vertiefende Diskussion ist auch hier nicht mehr möglich, da das Ergebnis in dieser (letzten) Stunde „verpflichtend" festgelegt ist. Unter Umständen sind deshalb Abstriche bei der Auswertung und Diskussion in Kauf zu nehmen, um den Abschluss der Stunde nicht offen zu lassen.

6. Geplanter Unterrichtsverlauf

Zeit	Phase	Unterrichtsform	Unterrichtsinhalt	Material/Medien
9:55	Einstieg	LV	Begrüßung: Kurze Beschreibung des geplanten Stundenverlaufs	
			AU1 auflegen und lesen lassen (1 Minute Zeit) Mündl. kurz Ergänzungen (Begriffe nicht laut nennen…) Fragen zum Ablauf?	OHP
		GU	Zettel ziehen lassen, die Gruppen teilen sich ein… …und bekommen je 5 Kärtchen mit den Begriffen	Gruppenzettel, Begriffskärtchen
10:00	Erarbeitung	GU	Startsignal geben → GU beginnt Während dessen Punktestrich an Tafel malen und die „Anzeiger" platzieren	Begriffskärtchen, Buch, Mappe
10:10	„Spielphase"	Gruppeninteraktion	Der erste „Erklärer" kommt nach vorne und erklärt seine Begriffe, die Anderen raten (außer seine eigene Gruppe) Bei nicht Erraten wird der Begriff beiseite gelegt Bei falscher Erklärung, Punktabzug und ebenfalls beiseitelegen So alle 4 Gruppen durch…	Stoppuhr, Begriffskärtchen, Tafel
10:21	Übergang	LV	Synthesephase einleiten und AU2 auflegen, Folienschnipsel, Folien und Tesafilm verteilen	OHP
10:21	Vertiefung (Synthesephase)	GU 2	Die Gruppen erstellen ein Begriffsnetz mit den Folienschnipseln die sie festkleben und durch Linien verbinden können	Folienschnipsel, Folie, Folienstifte, Tesafilm
10:31		Schülerpräsentation, OUG	Eine Gruppe stellt ihr Begriffsnetz vor → Anmerkungen, Diskussion, Verbesserung…	OHP
10:37	Sicherung	LV	Stand der Übersicht werten und kurz kommentieren Dann vorbereitete Übersicht austeilen…	Übersicht
			Verabschiedung	

LV = Lehrervortrag, GU = Gruppenarbeit, AU = Arbeitsauftrag, OUG = Offenes Unterrichtsgespräch, OHP = Overhead Projektor

7. Literatur

[1] PAUL et al. (2004), Biologie heute entdecken SII, Schroedel Verlag.

[2] MIRAM & SCHARF et al. (1997), Biologie heute SII, Schroedel Verlag.

[3] Niedersächsisches Kultusministerium (1999), Rahmenrichtlinien für das Gymnasium – gymnasiale Oberstufe, Biologie; Schroedel Verlag.

[4] FRANK (2005), Unterrichten mit Standards, Unterricht Biologie 307/308, S. 2 ff., Friedrich Verlag.

[5] MAYER et al. (2004), Kerncurriculum Biologie der gymnasialen Oberstufe, Verein zur Förderung des mathematischen und naturwissenschaftlichen Unterrichts (MNU) 57/3, S. 166-173; Bildungsverlag EINS – DÜMMLER TROISDORF

[6] Niedersächsisches Kultusministerium (2007), Kerncurriculum für das Gymnasium Schuljahrgänge 5-10; Unidruck Hannover (online unter: .nibis.de).

[7] ESCHENHAGEN, KATMANN, RODI (2001), Fachdidaktik Biologie, 5. Auflage; Aulis Verlag.

[8] BÖNSCH (2005), Nachhaltiges Lernen durch üben und Wiederholen; Schneider Verlag.

[9] MEYER (2004), Was ist guter Unterricht?; Cornelsen Scriptor Verlag.

[10] MEYER (1987), Unterrichtsmethoden II:Praxisband; Cornelsen Scriptor Verlag.

[11] SPÖRHASE-EICHMANN, RUPPERT (2004), Biologie Didaktik; Cornelsen Scriptor Verlag.

8. Anhang

A) Arbeitsaufträge 1 und 2:

Activity "Genetik"

Bilden Sie 4 Gruppen entsprechend der Zettel, die sie gezogen haben.

Aufgabe:

1. Jede Gruppe bekommt 5 Begriffskarten.

2. Schreiben Sie auf die Begriffskarten eine kurze, klare Definition / Erklärung des Begriffes, der Begriff selber darf nicht genannt werden! Alle Hilfsmittel sind erlaubt.

10 Minuten Zeit

3. Wählen sie einen aus jeder Gruppe als „Erklärer" aus.

4. Die „Erklärer" beschreiben ihre Begriffe, die anderen Gruppen versuchen diese zu erraten. **Pro Begriff 30 Sekunden Zeit.**

5. Wird der Begriff erraten, bekommt die Gruppe des „Erklärers" **und** die Gruppe, welche als Erste den richtigen Begriff nennt, einen Punkt!

6. Für **fachlich falsche** Erklärungen gibt es einen Punkt Abzug!

7. Die Gruppe mit den meisten Punkten gewinnt!

Aufgabe 2:

Ordnen Sie die Begriffe in einer sinnvollen Übersicht / einem Verlaufsschema an!

Es sollen…

… Zusammenhänge, Abhängigkeiten und Abläufe…

…übersichtlich (Anordnung, Pfeile, Linien) verdeutlicht werden!

B) Zu definierende Begriffe:

Chromosom, DNA, Mutagene, Gen, Genmutationen, Chromosomenmutationen, Proteinbiosynthese, Karyogramm, Aminosäuren, Ribosomen, Prozessierung der RNA (Eukaryoten), Genregulation, Transkription, RNA, Genetischer Code, Proteine, Polymerase Kettenreaktion (PCR), Enzyme, Enzymhemmung, Translation

Genetik

C) Fertiges Begriffsnetz

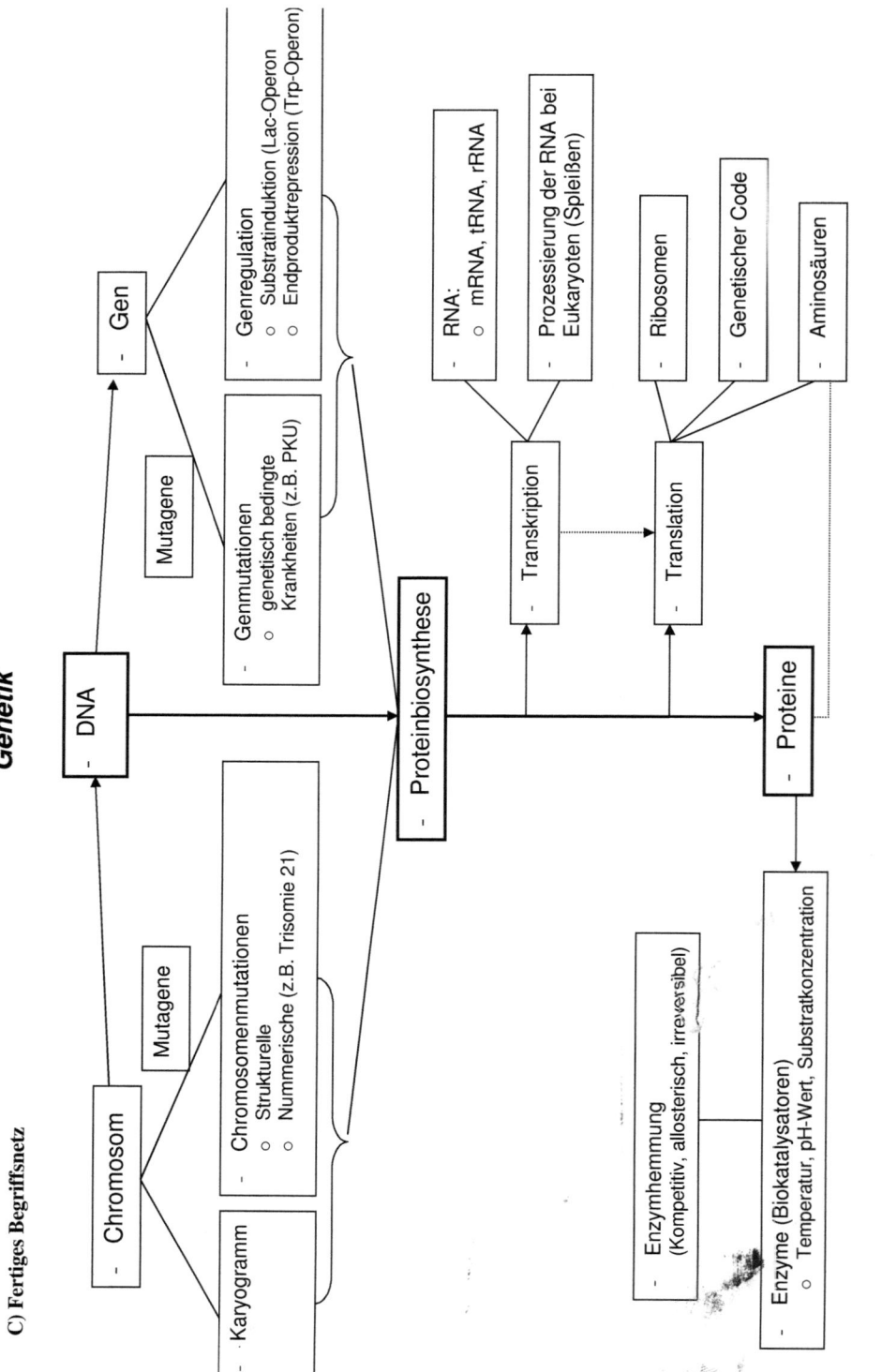

Genetik

D) Vorgaben für die Schüler

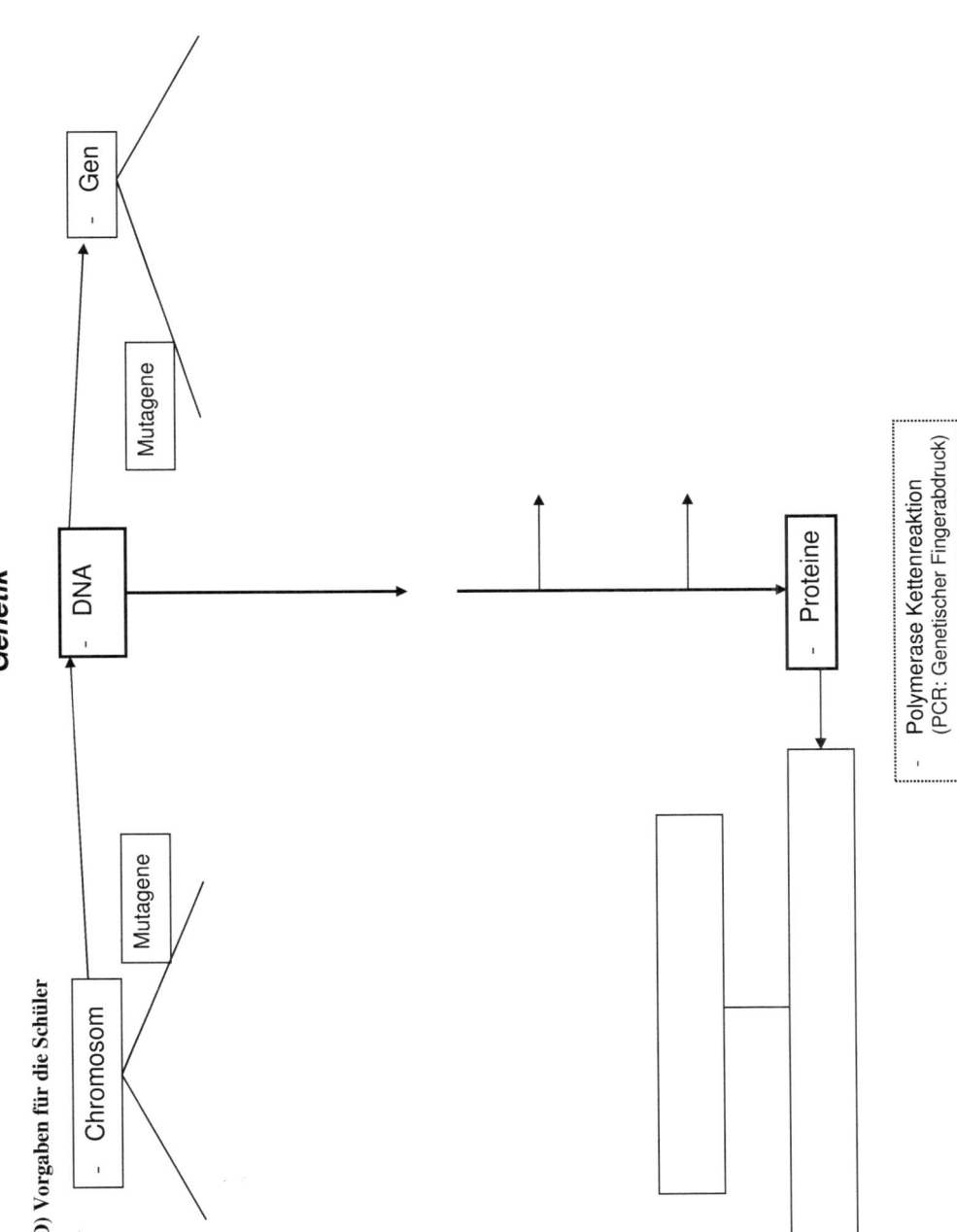

- Chromosom

Mutagene

- DNA

Mutagene

- Gen

- Proteine

- Polymerase Kettenreaktion
  (PCR: Genetischer Fingerabdruck)

9. Kommentierter Sitzplan

PULT

Qualität / Quantität:
++ = Sehr gut/häufig, + = gut/häufig, 0 = durchschnittlich, - = gering/selten,
-- = Sehr gering/sehr selten

Chromosom	DNA

Mutagene	Gen

Genmutationen	Chromosomenmutationen

Proteinbiosynthese	Karyogramm
Genregulation	**Transkription**

Prozessierung der RNA (Eukaryoten)	RNA
Ribosomen	**Genetischer Code**

Aminosäuren	Proteine
Polymerase Kettenreaktion (PCR)	**Enzyme**
Translation	**Enzymhemmung**